ACADÉMIE DE MÉDECINE

RAPPORT GÉNÉRAL

SUR

LES ÉPIDÉMIES

PENDANT L'ANNÉE 1896.

RAPPORT GÉNÉRAL

A M. LE MINISTRE DE L'INTÉRIEUR

SUR

LES ÉPIDÉMIES

qui ont régné en France pendant l'année 1896,

FAIT AU NOM

DE LA COMMISSION PERMANENTE DES ÉPIDÉMIES

DE L'ACADÉMIE DE MÉDECINE

PAR

M. le Dr FERRAND

RAPPORTEUR

MELUN

IMPRIMERIE ADMINISTRATIVE

1897

RAPPORT GÉNÉRAL

A M. LE MINISTRE DE L'INTÉRIEUR

SUR

LES ÉPIDÉMIES

qui ont régné en France pendant l'année 1896,

FAIT AU NOM DE

LA COMMISSION PERMANENTE DES ÉPIDÉMIES DE L'ACADÉMIE DE MÉDECINE (1)

PAR

M. le Dr FERRAND, rapporteur.

MONSIEUR LE MINISTRE,

Il semble que le rapport annuel à l'Académie de médecine, sur les maladies épidémiques de la France, doive être une étude susceptible d'apporter à l'œuvre scientifique médicale, de nouvelles données ; de jeter, surtout, quelques nouvelles clartés sur les problèmes toujours si obscurs, ou du moins si compliqués, de la pathogénie. La question des constitutions médicales, par exemple, question si dépréciée aujourd'hui, j'allais presque dire enterrée, y trouverait peut-être une sorte de renaissance, et certainement les questions d'hygiène et de prophylaxie devraient rencontrer là plus d'un enseignement.

---

(1) La Commission était composée de MM. BUCQUOY, DUGUET, HALLOPEAU, LAVERAN, WEBER et FERRAND, *rapporteur*.

Hoc erat in votis... tel a dû être certainement le but visé par l'Académie et par l'administration, lorsqu'elle constitua par toute la France, par canton, par arrondissement, par département, un médecin des épidémies ; en demandant à ce médecin un rapport sur les faits qu'il a été appelé à observer ou à connaître, et en cherchant ce que l'ensemble de ces rapports peut permettre de conclure, pour le plus grand bien de la santé publique.

Malheureusement, bien des difficultés se présentent dans l'exécution de ce beau programme. Ce n'est pas positivement que le nombre et l'importance de ces rapports fassent défaut: les trois cents rapports ou tableaux environ que nous avons dû dépouiller, contiennent bien des faits intéressants, et les quarante et quelques études monographiques qui y sont jointes, ont toutes plus ou moins de valeur. Mais on y trouve encore beaucoup trop de lacunes, pour qu'on puisse les considérer comme une exacte reproduction des mouvements de la santé publique ; et il serait bon certainement de chercher les moyens, et de rendre vraiment pratique cette institution, et de rendre féconde la masse considérable de travail qu'elle provoque.

Pour tendre à ce but, ce rapport comprendra: d'abord une première partie, consacrée au relevé des faits intéressants, scientifiques et pratiques, signalés ou exposés dans les documents qui nous ont été confiés.

Dans une seconde partie, nous étudierons les doléances des médecins des épidémies, et les moyens à mettre en œuvre pour y satisfaire, dans la mesure du possible.

Dans la troisième partie enfin, nous présenterons à l'Académie la liste des récompenses qu'elle doit proposer à Monsieur le Ministre de l'Intérieur.

CHAPITRE PREMIER

1. — De toutes les maladies épidémiques qui ont régné en France, pendant l'année 1896, la plus fréquente, sans contredit. c'est la *rougeole*. Il n'est guère de département où on ne la trouve signalée. Du nord au midi, elle sévit, plus ou moins grave, mais partout répandue. Dans le Pas-de-Calais, par exemple, sa fréquence et sa gravité sont signalées par M. le Dr Boulleux (157 décès dans l'arrondissement de Béthune), et on la rencontre encore en Algérie, et à Tunis où toutefois M. le Dr Loir signale sa rareté. Le danger est toujours dans les manifestations broncho-pulmonaires de la maladie ; complications plus fréquentes en hiver, comme l'a relevé M. le Dr Bard, de Lyon, et dans les régions du Nord, comme le remarque M. le Dr Goret. Ce dernier relève 300 décès par rougeole en 1896 dans l'arrondissement de Lille, lequel avait déjà payé en 1895 un fort contingent à cette maladie (environ 1.400 cas, ayant donné près de 300 décès). La mortalité de la rougeole est encore notée comme élevée dans certains grands centres, dans le département de la Seine, surtout dans les XIe et XIIIe arrondissements de Paris, et aussi dans les contrées suburbaines de Sceaux et de Saint-Denis (Rapport de M. le Dr Vallin) et encore à Toulon (M. le Dr Guiol).

Le danger s'est encore produit dans quelques épidémies. du fait de leur complication avec la diphtérie. Dans la Vienne, par exemple, le fait est signalé par MM. les Drs Périvier de Civray et Contancin de Montmorillon.

Signalons encore comme curiosité le fait que M. le Dr Chavigny a observé à Constantine, d'un cas de rougeole chez un singe, guenon cynocéphale, lequel l'aurait prise du jardinier du Général, chargé des soins à donner à la bête : éruption, catarrhe des muqueuses, fièvre et évolution cyclique définies, auraient permis de caractériser la maladie. Fait à rapprocher de celui que rapporte le D'' Lorenchet de transmission de la rougeole à un chien.

A rattacher encore à la rougeole, les éruptions rubéoliques signalées sur plusieurs points : à Paris, par le D'' Comte médecin-major, à la caserne de la Pépinière et dont il nous a adressé une bonne étude monographique. Il en décrit 4 types ou degrés et en discute soigneusement le diagnostic. Fait à noter : sur les 85 cas observés, 39 sujets auraient eu antérieurement la rougeole.

M. le D'' Bastiou de Lannion a signalé aussi la fréquence des rubéoles dans les Côtes-du-Nord, et M. le D'' Corson de Guinguamp la fréquence des roséoles.

En somme, si la rougeole demeure la plus bénigne des maladies contagieuses, eu égard à sa fréquence ; comme elle est aussi la plus fréquente, elle finit parfois par causer une sérieuse mortalité ; et on se prend à regretter que sa prophylaxie ne puisse être assise sur des bases mieux définies.

2. — Après la rougeole, la maladie épidémique le plus souvent rencontrée me parait être la fièvre typhoïde, au sujet de laquelle il y a à relever un certain nombre de particularités.

Un premier point intéressant c'est la diminution marquée des épidémies de fièvre typhoïde dans les grandes villes. Malgré les conditions défavorables dans lesquelles se trouve la population des grands centres, par le fait de l'encombrement, du surmenage et des écarts de régime, les mesures hygiéniques de prophylaxie paraissent bien avoir raréfié la fièvre typhoïde, dans les villes où elles ont été appliquées. C'est ainsi qu'elle est devenue presque rare à Paris, qu'elle a diminué de fréquence dans la Corrèze, le Gers, la Gironde, l'Oise, la Seine-Inférieure, la Somme et aussi à Quimperlé et à Tunis ; tandis qu'elle a encore été fréquente à Saint-Denis et à Sceaux, à Meaux, à Nancy, à Châteaudun, à Reims, à Nantes, à Troyes, à Toulon et dans plusieurs autres départements. Parmi ces derniers, plusieurs n'ont présenté que de petits foyers, dont on a pu déterminer la provenance, tarir la source et arrêter les progrès. Par contre, elle se montre presque endémique en Bretagne et en Vendée, où, selon un dicton rapporté par le Dr Hublé, la tuberculose tue la population et la fièvre typhoïde fait vivre les médecins ; en Provence, il en est à peu près de même, ainsi que dans les grands centres industriels du nord de la France.

La plupart des rapports s'accordent à reconnaître ce qu'on appelle l'origine hydrique de la fièvre typhoïde. L'eau des puits contaminés est la source la plus souvent accusée ; et cette origine se confond d'ordinaire avec l'origine dite fécale ; car, en général, c'est par le voisinage de fosses mal ou point étanches, que se produit la contamination, ou encore par l'introduction plus ou moins directe des déjections dans les cours d'eau ou dans les canaux (comme il est arrivé à Valenciennes (Dr Manouvrier). On incrimine aussi le voisinage de dépotoirs (Dr Millet), l'épandage de matériaux contaminés sur les cultures maraîchères (Dr Geschwind). Mais, ce ne sont pas là les seules causes d'épidémie typhique, et M. le Dr Tarrieux rapporte une épidémie observée à Marmande, dont l'origine doit être attribuée aux eaux de boisson, bien que les sources en fussent pures, mais parce que, sur le trajet des conduites de ces eaux, se trouvait un lavoir, dont le contenu filtrait dans le sol, et par des fissures, pénétrait dans ces conduites. Dans la relation des épidémies de La Châtre, le Dr Chabenat montre une fois de plus, comment les blanchisseuses sont à la fois les victimes et les agents de propagation de l'épidémie. Les études poursuivies à Nantes par le Dr Bertin, avec le concours de MM. Jouon, Andouard, Leduc et Rappin, ont établi d'une façon positive le bilan pathogénétique des eaux de la Loire et des sources qui alimentent la ville de Nantes.

Le Dr Mathieu, de Vassy, signale, dans l'eau suspectée, l'abondance des matières organiques sans qu'on ait pu y constater la présence du bacille d'Eberth. Ce bacille se rencontre au contraire dans la plupart des cas, notamment dans l'épidémie de Saint-Pourçain, sur laquelle le Dr Mignot notre collègue a transmis une note fort explicite.

Un certain nombre d'observateurs n'ayant pu trouver dans cette sorte de contamination la cause de l'épidémie qu'ils étudiaient, ont cru devoir s'autoriser de l'opinion défendue ici-même par notre collègue M. le Dr Kelsch, pour admettre la contagion miasmatique par les poussières. Les mémoires de MM. Sanglé-Ferrière et Remlinger sur une épidémie observée dans un casernement de Tunis, concluent à la présence du bacille d'Eberth dans les poussières du casernement et admettent, en l'absence de toute autre cause, que telle fut celle de l'épidémie. Le Dr Duchenne pense de même que la vase du port de Vannes, desséchée par le soleil à marée basse et balayée par le vent, a été l'origine de l'épidémie qu'il a observée dans la circonscription de Sainte-Anne-d'Auray. Enfin les Drs Perrin (Jura) Delmas (Lozère) et Breillot (Manche) accusent les fouilles d'un sol contaminé, d'avoir été la cause des épidémies qu'ils ont observées à Saint-Claude, à Mende et à Mortain.

Dans nombre d'épidémies on signale la fréquence des cas bénins et des formes ébauchées ; par exemple, dans les cas relevés au 2e zouaves, à Oran, par M. le Dr Cassedébat. Par contre, la gravité affectée par la maladie dans quelques foyers semble s'expliquer par l'état de surmenage dans lequel se trouvaient les sujets atteints ; le fait est noté par M. le Dr Merz à propos d'une épidémie observée, par lui, au 96e régiment d'infanterie, après une série de marches à travers les Alpes entre Lyon et Gap.

Les médecins d'Afrique font remarquer l'innocuité particulière dont semble jouir dans notre grande colonie l'élément indigène. (Drs Bassères et Poujol). Ces deux médecins ont donné d'ailleurs un résumé didactique très intéressant de la pathologie saharienne, dont la fièvre typhoïde forme, avec le paludisme et le scorbut, la triste trilogie.

Ajoutons, avec le Dr Bassères, que les épidémies les plus nombreuses paraissent être celles qui donnent une moindre mortalité proportionnelle ; de sorte que la morbidité et la mortalité semblent ici varier en sens inverse.

Je voudrais encore noter, au passage, les relations que ces épidémies ont présenté avec des affections connexes : le typhus à rechutes signalé à La Bédoule-Roquefort (Bouches-du-Rhône) par un anonyme (pli cacheté), le typhus exanthématique par le Dr Raynaud d'Alger, l'épidémie du Légé rapportée par M. le Dr Bertin au typhus, enfin les cas d'affections de forme typhique et rattachés comme une fièvre vermineuse à la présence des ascarides, par le Dr Fabre, dont le mémoire rappelle tout à fait celui de Rœderer et Wagler, si souvent cité dans l'historique de la fièvre typhoïde.

Enfin, le Dr André de Toulouse signale une coïncidence de cas de méningite cérébro-spinale et de fièvre typhoïde à Loubens, d'après le rapport du Dr Peyrat.

Dans l'ordre de la thérapeutique de la fièvre typhoïde, je ne trouve rien à noter si ce n'est l'efficacité souvent prouvée par les chiffres de mortalité, de la méthode physiologique ou rationnelle, dont les indications sont l'évacuation et l'asepsie des premières voies, la modération de la fièvre et des principaux symptômes. Signalons cependant l'essai de sérothérapie tenté par le Dr Raynaud, dont le travail fait à l'Institut Pasteur d'Alger, rapporte les bons effets dus à l'injection de sérum de typhique ; 7 cas graves ainsi traités ont donné 2 décès, ce qui ne permet guère que quelques présomptions favorables à cette méthode, dont l'exécution ne va pas sans difficultés.

Ce qui importe encore plus que la thérapeutique, au point de vue sanitaire, ce sont les mesures prophylactiques qu'il convient de réclamer en tout temps pour prévenir les épidémies, et celles surtout qui s'imposent en cas d'épidémie déclarée, pour les combattre et en arrêter l'essor. Beaucoup de nos confrères s'y emploient du mieux qu'ils peuvent ; et pour ce qui est des eaux de boisson, par exemple, le succès sur bien des points a répondu à leurs efforts et les municipalités ont souvent consenti sur leurs demandes, à prendre des arrêtés, pour interdire ou supprimer des puits ou des fontaines infectées. Mais, que de difficultés à vaincre encore bien souvent, pour arriver à ce résultat ! Un fait peut en donner une idée : dans un cas d'épidémie de fièvre typhoïde, la municipalité fait interdire tous les puits contaminés de la localité, sauf un cependant que l'on excepte de la mesure, sur la pétition des habitués d'un café voisin, et pour cette raison que l'eau de ce puits est supérieure pour préparer l'absinthe !

3. — Nous rapprocherons de la fièvre typhoïde, une affection qui, beaucoup moins fréquente qu'elle, se montre par épidémies plus graves encore que la fièvre typhoïde et lui emprunte son allure au point de se confondre souvent avec elle. C'est de la méningite cérébro-spinale qu'il s'agit. Le Dr Geschwind, médecin de l'hôpital militaire de Bayonne lui a consacré un travail, à propos d'une épidémie qui a sévi, frappant 8 sujets et causant 4 décès dans la garnison, en même temps que régnaient des grippes, des scarlatines et des oreillons.

L'auteur croit à la spécificité du méningocoque de Weichselbaum, et, partisan de la théorie du microbisme latent, il pense que les retours d'épidémies que l'on a observées à Bayonne, et des épidémies de garnison en général, sont dus à la reviviscence de germes autochtones, bien plus qu'à de nouvelles importations. Aussi professe-t-il l'action contagieuse du germe et sa transmission, par les produits de sécrétion pathologique surtout.

D'énergiques désinfections, l'isolement sévère des malades, l'usage du thé et du vin assuré aux bien-portants, la préservation du froid humide, les mesures de propreté et la libéralité des congés, telles sont les mesures qui ont paru les plus efficaces à arrêter l'épidémie.

Un rapport du Dr Peyrat, transmis par le professeur André, de Toulouse, signale une épidémie de méningite cérébro-spinale et de fièvre typhoïde à Loubens (Haute-Garonne); 15 cas de méningite sur 66 malades, constitueraient cette épidémie que l'examen bactériologique et le sérodiagnostic permettent de ranger dans les fièvres typhoïdes compliquées.

4. — La diphtérie est, avec la fièvre typhoïde, au premier plan de cette revue épidémiologique.

Bien qu'on signale sur plusieurs points une diminution notable de la morbidité diphtérique, cette maladie est loin d'avoir autant diminué que la fièvre typhoïde, et la mortalité dont elle est responsable, bien que fréquente encore dans quelques foyers, a cependant considérablement baissé, du fait de l'emploi du sérum antidiphtérique.

Un point de nosographie m'a paru préoccuper un certain nombre des correspondants de l'Académie. La diphtérie n'est pas toujours identique à elle-même, au point de vue clinique, d'une part: et d'autre part, l'examen bactériologique n'est pas toujours suffisant pour fixer le diagnostic et surtout le pronostic.

M. le Dr André, par exemple, médecin-major à Angers nous adresse un rapport détaillé sur une épidémie observée au 135e régiment d'infanterie, et dans laquelle sur 60 cas d'angine blanche, comme il l'appelle, 37 cultures ayant été pratiquées n'ont donné que 20 cas de bacille de Loeffler; et sur ces 20 cas, 19 ont guéri et guéri sans injection de sérum. Ce qui le porte à conclure qu'il n'y a nul rapport entre la forme clinique de l'angine et sa nature bactérienne.

M. le Dr Baratier dans le tableau « humoristique et fondé néanmoins » qu'il nous présente des épidémies au village, hésite aussi parfois entre la diphtérie et la pseudo-diphtérie. La même impression se retrouve dans la relation que nous donne M. le médecin aide-major Cordillot, d'une épidémie de diphtérie observée au 5e chasseurs à Orléansville. Cette épidémie qui semble avoir été importée de la population civile dans la caserne, fut bénigne d'ailleurs; toutefois, il n'hésite pas à en faire honneur aux injections de sérum. Mais, là aussi, au milieu des cas de diphtérie vraie, il a observé des angines à fausses membranes sans bacille spécial. L'épidémie que rapporte M. le Dr Schisgal, observée par lui à Thiberville (Eure) et qui compte 20 cas, tous traités avec succès par le sérum, cette épidémie s'accompagne non seulement de plusieurs cas de rhinite pseudo-membraneuse, mais aussi d'un grand nombre d'angines simples, catarrhales et érythémateuses.

Le Dr Vogelin a trouvé à Alger la même coïncidence dans une épidémie observée au 1er chasseurs d'Afrique et dans laquelle, avec

17 cas de diphtérie vraie, il a pu constater 52 cas d'angine simple ou pseudo-diphtérique.

Le Dr Favier, médecin-major au 115e d'infanterie. à Maubeuge, manifeste les mêmes hésitations dans l'étude qu'il a adressée à l'Académie sur *la diphtérie dans l'armée française*, étude didactique où il synthétise nombre de documents et de chiffres relatifs à cette question : la morbidité et la mortalité dues à la diphtérie, dans le civil et dans l'armée, dans les différents corps et dans les diverses garnisons, aux diverses périodes et selon les saisons, enfin, tous les éléments d'une intéressante étude monographique, avec un volume de cartes teintées et un volume de tableaux. Les affections diphtéroïdes y tiennent leur place, ainsi que les diphtéries secondaires, les premières généralement bénignes, les secondes toujours graves.

Enfin, le Dr Valois, à Cosne (Nièvre), relate une épidémie dans laquelle le mélange de la scarlatine avec les angines doit provoquer quelque réserve quant à leur nature diphtérique.

Un second point, relatif aux conditions étiologiques doit nous arrêter encore sur cette grave question. Les médecins militaires, MM. Cordillot et Favier notamment, signalent un fait intéressant : c'est que la fréquence des cas de diphtérie est inversement proportionnelle à l'âge des sujets et à leur grade militaire. La réceptivité des militaires serait d'ailleurs bien supérieure à celle des civils et comparable à celle de l'enfance, selon le Dr André. Enfin, l'origine du poison diphtérique semblerait imputable aux animaux, d'après les faits relevés dans plusieurs épidémies : MM. Favier, déjà cité, et Loir, directeur de l'Institut Pasteur de Tunis, signalent la coïncidence de la diphtérie aviaire, de même que M. le Dr Blusson dans la Corrèze ; le Dr Favier constate que les troupes montées sont plus fréquemment atteintes, et il accuse le fumier d'être parfois le véhicule du contage ; enfin, M. Vogelin, déjà cité, ayant observé une épidémie au 1er chasseurs d'Afrique, croit pouvoir établir une relation pathogénique entre la diphtérie humaine et la pneumo-entérite infectieuse du cheval, bien qu'un streptocoque associé au diplocoque de Schütz lui ait paru être l'agent spécifique de cette maladie.

D'où il conclut que le streptocoque du cheval, transporté chez l'homme, y a mis en activité le bacille de Loeffler, demeuré latent jusqu'à ce moment.

Dans deux rapports, nous trouvons notée la persistance latente du contage, malgré les mesures d'évacuation et d'épuration. MM. Goumy et Cozette, à Noyon, ont constaté ce retour de contagion sept mois et demi après la première atteinte ; et M. le Dr Blanquinque l'a notée dans des circonstances analogues, dans l'épidémie du lycée de Landouzy.

J'arrive enfin à la thérapeutique et au chapitre du sérum. Partout, ou à peu près, on célèbre ses bienfaits. Les accidents que l'injection entraîne quelquesfois à sa suite, paraissent n'avoir jamais eu d'importance ; les éruptions en particulier, plusieurs fois signalées, n'ont en rien entravé la favorable influence du sérum antidiphtérique.

Dans le relevé que j'ai pu faire, je trouve 52 affirmations en faveur de l'utilité, de l'efficacité, de la grande efficacité du sérum. Sans doute, sur beaucoup de points, on s'accorde à dire que l'épidémie semblait être relativement bénigne, et que les épidémies de diphtérie, moins fréquentes qu'auparavant, semblent aussi devenir moins graves. Mais sur un certain nombre de points aussi, l'épidémie s'est encore montrée sévère, parfois même inexorablement mortelle ; il y a donc lieu de recueillir comme une expression fort approximative de la vérité, ces conclusions que nous trouvons dans plusieurs rapports : que le sérum a abaissé le chiffre de la mortalité de la diphtérie, ici de moitié et là des trois quarts et plus encore. Les exceptions relevées dans l'Aube, dans la Charente-Inférieure, dans les Côtes-du-Nord et dans la Creuse, dans la Manche, dans l'Oise, dans le Pas-de-Calais, dans les Deux-Sèvres, dans la Somme et dans la Vienne, expliquent souvent par l'emploi trop tardif du médicament, ou encore par son mauvais état de conservation, ou par certaines difficultés d'exécution. Aussi, certaines grandes villes ont-elles institué des laboratoires où le précieux remède est tenu plus à portée des praticiens : Lyon, Amiens, Le Havre, Poitiers, Tunis, etc. sont entrés dans cette voie, au grand avantage de leur contrée.

L'Administration jugera certainement qu'il y a lieu d'encourager cette sorte de décentralisation et de favoriser le développement de ces laboratoires, en y maintenant toutefois un certain contrôle, pour sauvegarder toutes les responsabilités.

Du reste, le sérum n'est pas employé seulement à titre curatif; il l'est encore à titre prophylactique. C'est ainsi qu'en a usé M. le Dr Martin, de Privas. Se trouvant en présence d'une épidémie de diphtérie grave et nombreuse, il a dû traiter environ 172 enfants et n'a eu que 19 morts; et à Flaviac, où il put faire des injections préventives, il a eu 56 enfants pris sur 74, et n'a pas eu à constater un seul décès, ainsi qu'en témoigne le rapport qu'il adressa à ce sujet à l'Institut Pasteur.

5. — Pour ce qui est de la scarlatine, elle occupe un rang encore trop élevé dans la morbidité; elle est signalée dans la plupart de nos départements, parfois grave, plus généralement bénigne. Plusieurs correspondants observent toutefois que sa fréquence diminue (Dr Baratuis dans l'Aube; Dr Loir à Tunis; Dr Vergely pour la Gironde). Des épidémies véritables sont relatées à l'hôpital de Versailles par le Dr Julié, médecin-major: à Rambervillers par le Dr Saint-Martin, médecin aide-major; à Montluçon par le Dr Allot; à Nice par le Dr Balestre, etc..

Sur beaucoup de points, on signale, en même temps que la rareté des épidémies de scarlatine, la bénignité des cas observés; la mortalité moyenne oscille, en effet, entre 3 et 6 p. 100, et, dans quelques épidémies, elle a été beaucoup plus élevée. Le danger vient toujours de ses complications, soit des angines diphtéroïdes, telles qu'en ont observées le Dr Julié à Versailles, le Dr Favié dans son relevé général, le Dr Cuisinier à Calais; soit des troubles rénaux, albuminuries et néphrites, et par suite urémies; soit même certains pseudo-rhumatismes graves et certaines arthrites suppurées. (Dr Julié).

Les conditions de propagation témoignent d'une contagion qui s'étend plus dans le temps (en durée) que dans l'espace. Celle-ci a pu se produire bien des mois après la disparition de l'épidémie; par contre son extension a paru assez facile à limiter au moyen des mesures d'isolement. Elle a pu rester limitée à la garnison de certains centres sans s'étendre à la population civile (Dr Saint-Martin); dans le civil même, les foyers ont pu être limités, ce que j'ai, pour ma part, plusieurs fois observé : un enfant pris de scarlatine et séparé de ses frères, ceux-ci ont pu demeurer indemnes, sans quitter la maison ni même l'appartement.

Le Dr Chabenat (de La Châtre) rapporte aussi une épidémie qui resta confinée dans le couvent où elle s'était produite et dans lequel le mode d'introduction de la maladie semble rappeler l'histoire de l'habit de Hufeland.

6. — La variole qui est devenue relativement rare en France, y garde encore cependant quelques foyers. La courbe tracée par M. le Dr Baratier, par exemple, montre bien la décroissance des épidémies de variole de 1884 à 1896. C'est dans le midi surtout qu'elle sévit encore et surtout sur le territoire algérien. Marseille a, sous ce rapport, une déplorable prééminence. M. le Dr Domergue estime que, en dix ans, la variole y a tué près de 4.000 personnes, et que dans l'épidémie de 1895, on peut compter 8.000 cas et 738 décès. Plusieurs rapports accusent Marseille d'avoir été l'origine d'épidémies qui auraient rayonné autour d'elle. Celui du Dr Balestre de Nice, celui du Dr Casabianca de Bonifacio, celui du Prof^r Hamelin de Montpellier, celui enfin du Dr Bard de Lyon. Ce dernier estime à une centaine de cas les victimes de cette épidémie, qui a causé 18 décès. Quelques grandes villes : Lisieux (Dr de la Croix), Nantes (Dr Bertin), Rochefort (Dr Legros), Brest (Dr Cerfmayor), fournissent aussi un certain contingent de varioles ; elles ont été particulièrement graves à Mende (Dr Delmas). Enfin, si elles sont relativement rares à Paris, on les trouve cependant notées dans le IIe et surtout dans le XIe arrondissement ; elles ont encore été fréquentes dans la banlieue parisienne, qui compte 441 décès et aussi dans la Seine-et-Marne. Dans le Var, Toulon, les Arcs, Ollioules ont été visitées par l'épidémie.

Je ne puis omettre de citer encore un travail du Dr Bauzon, médecin de l'Hôtel-Dieu de Chalon-sur-Saône, sur une épidémie de variole observée à l'Hôtel-Dieu en 1896 et qui fut enrayée par de nombreuses revaccinations. J'aurai à revenir sur ce travail à propos de la loi de 1892.

3

C'est surtout en Algérie que la variole sévit encore avec une fréquence et une gravité qui peuvent surprendre, mais qu'expliquent suffisamment deux grandes causes : 1° l'insuffisance des vaccinations, insuffisance dont l'indolence fataliste et la répugnance des arabes portent la responsabilité ; et 2° la pratique de la variolisation encore en honneur dans beaucoup de tribus.

Le Dr Geghre, de Mascara, dans un mémoire fort documenté sur la variole en Algérie pendant 1896, estime que l'on peut évaluer à 220.000 le nombre des victimes que la variole coûte ainsi à notre colonie.

Le même observateur pense que les épidémies de variole se reproduisent en Algérie suivant un type iambique, comme il dit, c'est-à-dire, suivant une évolution multiannuelle, dont les chiffres de trois à six ans marquent les termes.

Le Dr Marche, d'Ouargla, leur assigne un intervalle de sept années. En tout cas, la gravité de ces épidémies est signalée partout en Afrique, dans le cercle de Ghardia (Dr Spire), à El-Golea, (Dr Poujol), et aussi à Tunis (Dr Loir). Sur un chiffre de 15.000 cas de variole relevé chez les indigènes, le Dr Geghre note une mortalité de 3.200 décès environ. Cette gravité, il l'attribue sans doute à la graine ou contage dont la puissance d'infection semble accrue par le milieu, c'est-à-dire par la chaleur et par la malpropreté, mais encore au défaut d'immunité des sujets atteints par l'épidémie.

7. — L'épidémie d'origine orientale (selon l'expression du Dr Bard de Lyon) qu'en France on appelle de longtemps la grippe et que, je ne sais pourquoi, quelques-uns s'obstinent à nommer de son nom exotique, l'influenza, cette épidémie qui a succédé aux grandes migrations de l'année 1889, touche-t-elle à sa fin ? — Il semble permis de le croire ; et ceci résulte des rapports qui nous signalent sa déchéance, dans la Somme (Dr Fournié), dans l'Allier (Dr Mignot), dans la Charente-Inférieure (?), dans l'Oise (Dr Pauthier), dans le Lyonnais (Dr Baret), et dans la Vienne (Dr Contancin). Par contre, on subit encore ses sévices dans l'Ain (Drs Ballivet et Bozonet), dans la Corrèze (Dr Blusson), dans la Bretagne (Dr Bastiou), à Auranchet

(Dr Frémin) et à Cherbourg (Dr Lesdos), à Nancy (Dr Heydenreich), dans la Lozère (Dr Portalier), à la Châtre (Dr Chabenat), dans le Var (Dr Coulomb), en Seine-et-Marne (Dr Lorimy) et dans la Sarthe.

M. le Dr Bergougnioux rapporte l'histoire d'une épidémie qui a sévi au 15e dragons à Libourne, et le Dr Marty présente un résumé de celles qui, de 1892 à 1895, ont régné à Cholet. — Tous insistent plus ou moins sur la gravité des complications dont elle s'accompagne souvent, les pneumonies et broncho-pneumonies surtout (Dr Pujos, etc.) le rhumatisme et la méningite, selon le Dr Bergougnoux, et selon le Dr Marty, l'érysipèle, l'angine et les accidents cérébro-spinaux. Ce dernier rapporteur montre la gravité de ces accidents qui se produisirent surtout à la fin de l'épidémie, et élevèrent le taux de la mortalité au chiffre de 67 p. 100.

Ce furent les gradés et les jeunes soldats qui fournirent à l'épidémie de Libourne son plus fort contingent; et ce fut la saison froide qui parut en déterminer la gravité.

Les formes infectieuses graves sont encore trop souvent signalées. Et si les déterminations thoraciques sont les plus ordinaires, les formes intestinales se rencontrent aussi parfois. Le Dr Bastiou rapporte une épidémie d'entérites graves avec exanthèmes polymorphes qu'il rattache à la même influence et dont la ville de Lannion fut le principal siège.

8. — Moins graves, quoique plus fréquentes que la grippe, les coqueluches sont signalées dans le plus grand nombre des rapports. Comme pour la rougeole, leur grand nombre s'explique par l'insuffisance des moyens prophylactiques et par l'impuissance où l'on se trouve le plus souvent d'isoler les malades en temps utile afin de préserver de la contagion les sujets non encore atteints. C'est dans les départements du nord et du centre qu'elle sévit surtout; on la rencontre cependant à Nice (Dr Balestre), mais on ne voit pas qu'elle se montre en Algérie. Le Cantal, le Cher, la Corrèze, la Bretagne, en ont présenté de nombreux spécimens.

On peut dire de la coqueluche, comme de la grippe, qu'elle n'est généralement grave que par les complications dont elle s'accompagne, notamment par les complications broncho-pulmonaires. Aussi est-ce dans les pays de montagne et dans les saisons froides qu'elle fait le plus de victimes.

Comme les fièvres éruptives, c'est dans les agglomérations d'enfants qu'elle se manifeste le plus souvent ou du moins qu'elle se propage le mieux; et c'est à son sujet aussi qu'on peut se demander si le licenciement des écoles est bien la meilleure mesure à prendre dans les cas où l'épidémie vient à se déclarer dans de tels milieux.

9. — 10. — Les troubles cholériformes et dysentériques, confondus d'ailleurs par certains rapporteurs sous la même rubrique ont paru varier à peu près parallèlement et prêtent à des considérations analogues.

Un mémoire a été consacré par M. le Dr Toussaint à l'épidémie de choléra sporadique observée par lui à Saint-Cyr, de juillet à septembre 1896. — L'auteur, qui avait déjà adressé à l'Académie un travail antérieur (1894) sur un sujet analogue, accuse aussi bien la mauvaise condition des eaux d'amenée, que celle des égouts et des matières résiduaires. Il accuse aussi, non sans raison, les transports que font les chemins de fer, à une certaine distance autour de Paris, de wagons de gadoues, ou boues infectes, et qui, bien sûr. n'offensent pas que l'odorat. Complété par des études bactériologiques sévères, ce travail conclut que les accidents qu'il a observés ne relèvent d'aucune spécificité microbienne; pas plus d'ailleurs qu'elles ne revêtent de forme spécifique symptômatique, puisque quelques cas se sont montrés mêlés d'une sorte de dysenterie.

Les enfants, dit le Dr Toussaint, sont pour ainsi dire le réactif de l'épidémie et la fréquence des diarrhées cholériformes des enfants en serait le premier signe. — Le fait est que les diarrhées cholériformes surtout et parfois dysentériques, qui sont toujours fréquentes chez les jeunes enfants, surtout aux saisons chaudes, sont toujours une des causes principales de la mortalité de l'enfance, d'après la plupart de nos rapports; et cela, malgré les améliorations que l'hygiène s'efforce d'apporter dans leur mode d'alimentation.

Ces accidents sont signalés à Toulouse (Dr André), à Montpellier (Dr Hamelin), à Nantes (Dr Bertin), à Valenciennes (Dr Manouvrier), à Rouen (Dr Pennetier), à Senlis (Dr Pauthier), à Parthenay (Dr Rousseau), à Saint-Flour (Dr Hugon), et à Rochefort où le Dr Legros relève l'influence qu'il est permis d'attribuer aux arrivages des colonies.

La dysenterie a été particulièrement étudiée à Oran par le Dr Cassedebat, dans une épidémie dont les cas ne furent pas des plus graves, mais présentèrent une durée bien persistante. La chaleur, l'infection du sol et la contagion lui ont paru jouer un rôle dans l'étiologie de la maladie.

Celle-ci est encore signalée à Dinan (Dr Olivier). à Brasseuse dans l'Oise (Dr Pauthier), à Roissy dans Seine-et-Marne. à Rollet dans la Somme (Dr Moulonguet) et aux Arènes. dans le Tarn-et-Garonne (Dr Sanie), ainsi que dans l'Ardèche et dans l'Allier (Drs Reignier et Mignot).

Les heureux résultats donnés par la cure de lait, pour prévenir et même pour combattre les accidents gastro-intestinaux, sont bien connus. Le Dr Richard (Seine) apporte une nouvelle démonstration de son efficacité. Mais ce qu'il nous faut signaler surtout ici, ce sont les heureux résultats consignés dans le rapport du Dr Deshayes (Seine-Inférieure) au moyen de l'œuvre dite de « La goutte de lait ». fondée à Fécamp par le Dr Dufourt, laquelle en assurant aux enfants un lait pur et sain a déjà fait baisser considérablement le chiffre de la mortalité infantile dans son pays. Nous sommes heureux de signaler ces résultats à notre vénéré confrère, M. le Dr Roussel, et à la société protectrice de l'enfance.

11. — L'Académie a reçu deux études monographiques d'épidémies d'érisypèle. L'une est due au Dr Paris. médecin de l'asile d'aliénés de Maréville près Nancy. Trente cas, en cinq mois, de janvier à juin 1896, sur une population d'un millier d'âmes. ceci constitue un véritable foyer épidémique. Cas bénins d'ailleurs en général, un seul mortel et terminé par une mort subite. L'auteur pense que

chez les aliénés, l'érysipèle a moins de gravité. Il va d'ailleurs souvent chez eux, avec une période d'accalmie au moins relative; chez
les épileptiques, les crises sont suspendues pendant la phase fébrile
de la maladie. Notons les vues intéressantes du Dr Paris au sujet du
rôle des toxines dans l'évolution des crises de ses malades.

Il faut joindre à cette intéressante étude, celle du Dr Merz,
médecin-major à Gap, sur les épidémies d'érysipèle observées
depuis 1891 dans la garnison de cette ville. La bénignité relative
de cette maladie dans l'armée, la fréquence de l'exanthème sur les
voies digestives supérieures, la virulence locale et la fréquence des
suppurations, sont les points que je relève dans ce mémoire;
ainsi que les conditions de propagation, de pénétration, de milieu,
qui arrivent à rendre pathogène un microbe à peu près inoffensif
en dehors de ces conditions. Le traitement a consisté surtout en
compresses de sublimé: il n'a pas été fait d'injections de sérum; et
j'ajouterai qu'il n'y a pas eu lieu d'en faire, puisque malgré l'apparence
assez typhoïde de l'état général de ses malades, tous ont guéri.

Dans le mémoire signalé plus haut sur des épidémies de grippe,
M. le Dr Marty a signalé les relations que quelques uns des cas observés
par lui, lui ont paru présenter avec l'érysipèle; mais la nature de ces
relations serait à discuter.

L'érysipèle est noté encore dans deux rapports qui nous sont
adressés l'un, de la Haute-Loire, par le Dr Morel signalant un cas
d'érysipèle assez grave dans son allure pour qu'on l'ait pris d'abord
pour un charbon; l'autre du Lot-et-Garonne où l'érysipèle parait avoir
sévi dans la circonscription de Marmande.

12. — Les oreillons sont, comme la rougeole, une affection
dont la fréquence compense le défaut de gravité, en général. Nombre
d'épidémies ont été relevées par les médecins-inspecteurs, depuis
l'Algérie, jusqu'au Finistère, et peut être plus encore dans le centre
de la France.

M. le Dr Comte, médecin-major, observe une de ces épidémies d'oreillons en coïncidence, ou plutôt immédiatement après une épidémie de rubéoles, à la caserne de la Pépinière à Paris, à la fin de l'année 1896. Il y a noté, en particulier, l'influence fâcheuse des refroidissements sur la marche, la gravité et les complications de la maladie, et le rôle qu'ont paru jouer dans son éclosion, les rubéoles d'une part, et d'autre part, les revaccinations qui souvent ont précédé l'explosion de la maladie.

Le Dr Julié, médecin-major à l'hôpital de Versailles, a noté de même les rapports que les oreillons lui ont paru présenter avec la scarlatine, et avec les autres fièvres exanthématiques.

Enfin, les Drs Lallemand médecin-major et Rolland médecin aide-major à Saint-Étienne ont envoyé aussi la relation d'une épidémie observée au 38e d'infanterie, pendant les trois premiers mois de cette année. Ils accusent volontiers les conditions du casernement d'avoir favorisé l'évolution de la maladie, dont ils donnent aussi une intéressante description monographique. Parmi ses complications, l'orchite leur a paru fréquente (44 p. 100), et aussi l'hydrocèle, et par conséquent, fréquente aussi l'atrophie testiculaire consécutive. Isolement, désinfection, assainissement et congé de convalescence, telles sont les mesures qu'ils ont cru devoir prendre à cette occasion. Les complications encéphaliques, pour être rares, sont toujours possibles cependant, témoin le cas mortel cité par M. le Dr Mignot de Chantelle (Allier).

13. — Si les fièvres paludéennes venaient à disparaître totalement de la France, l'Algérie resterait encore pour leur fournir un refuge. Le fait est que le paludisme paraît diminuer de plus en plus dans la France continentale, devant les progrès des aménagements de l'agriculture et de l'hygiène. La Sologne est devenue un pays sain, et le Dr Legros de Rochefort note, dans son rapport de 1896, la diminution progressive et la presque disparition des accidents palustres.

Je voudrais croire qu'il en est de même en Bretagne, puisqu'il n'est pas fait mention de paludisme dans les rapports qui nous sont venus de cette province. Quant à la Bresse et aux Dombes, M. le Dr Passerat proteste de leur bon état sanitaire, et, dans une brochure fortement documentée, il s'attache à prouver cette thèse en apparence paradoxale : que les étangs de la Dombe ne rendent nullement cette province insalubre. Sans nier l'existence de l'impaludisme, il montre les avantages que les étangs bien établis procurent aux pays dont ils drainent et recueillent les eaux marécageuses. Ses conclusions sont appuyées sur dès tables statistiques montrant le mouvement progressif de la population dans les pays d'étangs, de 1800 à 1853, et sa décrois-sance depuis qu'on a procédé à leur desséchement, c'est-à-dire de 1853 à 1896.

L'Algérie, ai-je dit, reste encore la terre de l'impaludisme. Le mémoire déjà cité du Dr Poujol, sur la pathologie saharienne, nous en offre la preuve, dans l'étude résumée qu'il en fait du paludisme, en lui-même et dans ses rapports avec la fièvre typhoïde et avec le scorbut.

Le paludisme est encore étudié d'une façon didactique dans la division d'Alger, par M. le Dr Bassères, lequel s'attache à montrer les formes graves sous lesquelles il se manifeste, pernicieuses, cachec-tiques et anormales, et s'applique encore à déterminer les mesures prophylactiques qu'il convient de lui opposer : choisir l'époque des travaux, surveiller les eaux de boisson, user de café et de petites doses de quinine (o gr. 20) à titre de moyen préventif.

On le trouve encore signalé tout particulièrement dans le pays de Tunis par le Dr Loir, à Sidi-Aïssa (Dr Moinet), à Djelfa (Dr Jenny), à Ouargla (Dr Marche). Enfin, le Dr Piquaud, de Boussac (Creuse), rapporte trois cas de fièvre paludéenne à forme rémittente et accompagnée d'hématurie récidivante à chaque nouvelle crise.

14. — Devenu très rare sous nos latitudes, le scorbut semblait s'être réfugié dans les pays du Nord. La pathologie saharienne du Dr Poujol nous rappelle qu'on le peut rencontrer dans tous les climats ; il est vrai qu'il en rapporte surtout la cause aux vices de l'alimen-tation. On l'observe au Sahara sous les formes les plus légères : purpura, œdème, ecchymoses, et son évolution témoigne en général de sa bénignité. Tel est le fait intéressant qu'il y ait à noter sur ce sujet.

15. — Les accidents d'infection puerpérale deviennent, eux aussi, plus rares à mesure que sont plus connues et mieux appliquées les mesures d'asepsie et d'antisepsie qui peuvent les écarter. C'est un fait qu'établit nettement le travail du Dr Baratier de Jeugny, sur les épidémies au village. On y lit, par exemple, qu'avant 1890, sur un chiffre de 150 accouchements, on pouvait relever 23 cas d'infection et 14 décès ; tandis que, depuis cette époque, 187 accouchements n'ont donné qu'un seul décès. Le résultat est assez démonstratif pour mériter d'être relevé. comme l'a fait le rapporteur. Et malgré cela, des accidents sont encore signalés sur plusieurs points : à Nantes (Dr Bertin) à Nice (Dr Balestre) à Clamecy (Dr Beaufils) à Senlis (Dr Pauthier) dans les Basses-Pyrénées (Dr Cazaux) dans le Rhône (Dr Bard), à Toulon (Dr Guyol), à Rouen (Dr Pennetier), dans la Seine ; en un mot, dans beaucoup de centres populeux.

16. — C'est aussi dans les grands centres que la tuberculose continue à faire le plus de ravages ; sa fréquence y est extrême et l'on sait ce qu'est sa mortalité. Tandis qu'elle est relativement rare à Tunis (Dr Loir), on signale sa fréquence croissante dans certaines villes du centre, a Saint-Flour (Dr Hugon) et dans la Creuse (Dr Piquand). Ce dernier accuse comme cause de cette fréquence, les mariages contractés dans un cercle trop restreint, le surmenage prématuré des enfants et l'encombrement. Inutile d'insister davantage sur les chiffres effrayants d'une mortalité qui décime toutes nos grandes villes et menace de plus en plus nos futures générations, si l'on ne se décide à prendre les mesures prophylactiques que réclame un tel fléau.

17. — Parmi les études monographiques reçues par la commission des épidémies, il s'en trouve une qui n'est que peu volumineuse (une brochure de 29 pages) mais qui contient un très net exposé et une lumineuse discussion de cette thèse : la fièvre ganglionnaire est-elle une entité morbide ? — C'est une question que les pathologistes (Pfeiffer, Starch, Comby) agitent depuis quelques années et que le Dr Faidherbe de Roubaix discute, en se basant sur nombre d'observations et de données relatives à l'infection, au sens le plus moderne du mot. Il conclut que cette affection n'est que la manifestation dans le système lymphatique, d'une infection qui n'a rien de spécifique et peut appartenir à des germes différents, conclusion à laquelle nous croyons devoir souscrire sans réserve.

18. — Bien que les énergiques et salutaires mesures qui ont été décidées à la conférence de Venise, aient réussi à écarter de l'Europe la peste qui nous menaçait, il n'en est pas moins intéressant d'apprendre à bien la reconnaître ; nos colonies d'ailleurs y ont un intérêt direct et toujours actuel.

Après la magistrale description que nous en a donnée notre collègue M. Proust, celle du Dr Mougeot de Saïgon a du moins le mérite d'être celle d'un observateur qui a vu l'épidémie à l'œuvre à Hong-Kong. Cette note est d'ailleurs un extrait mis en français du rapport du Dr Lowson sur cette épidémie.

La maladie étant définie une fièvre infectieuse bacillaire, dont le bacille occupe primitivement le système lymphatique, d'où son nom de peste bubonique, suit la description de son bacille, telle que l'a donnée Kitasato qui l'a découvert. Après une bonne symptomatologie de la maladie viennent les conseils les plus pratiques sur le traitement et la prophylaxie du mal.

Notons, entre autres données, la grande facilité avec laquelle s'infectent les rats des grandes villes, et la mortalité de ces rongeurs au début des grandes épidémies. Quant à la mortalité humaine, elle se répartit ainsi : 93 p. 100 pour les chinois, 77 p. 100 pour les indiens, 60 p. 100 pour les japonais, 100 p. 100 pour les métis, et 18 p. 100 seulement pour les européens : chiffres qui justifient l'inégalité des mesures à imposer aux sujets de ces différentes provenances.

19 — 20. — Moins exotique que la peste, la lèpre se montre parfois chez nous et jusque dans nos asiles parisiens. Notre collègue M. Hallopeau, a dit au congrès de Moscou combien elle nous menace de devenir autochtone. Elle est signalée comme ayant fait son apparition dans deux communes des Alpes-Maritimes. Le Dr Balestre nous en donne une description, et les preuves à l'appui du caractère héréditaire et contagieux, à la fois, de la maladie.

Le même rapporteur signale aussi dans son département un cas de suette. Et nous retrouvons cette maladie notée dans les rapports qui nous viennent du Puy-de-Dôme (4 cas et 2 décès) et de la Vienne où le Dr Coutancin en a relevé quelques cas authentiques (*sic*), mais dont il n'a pas fourni la description.

21 — 22 — 23. — Faut-il noter encore la fréquence de la furonculose signalée à Tunis par M. le Dr Loir, et celle des maladies cutanées, spécifiques ou non, chez les indigènes algériens par M. le Dr Raynaud. Outre les affections communes dans nos régions, le Dr Raynaud signale le rhinosclérose, l'actinomycose, la pinta, le pied de madura et la filariose comme plus fréquentes en ces contrées tropicales. Il ajoute, fait curieux, que la blennorrhagie lui parait être beaucoup moins fréquente que chez la race blanche.

En France, un seul rapport, celui du Dr Bard fait mention des maladies syphilitiques et note leur fréquence à Tarare et à l'Arbresle.

Enfin, des épidémies d'ophthalmie sont encore signalées dans quelques rapports notamment à Saïda (province d'Oran) et dans le Tarn-et-Garonne.

24. — C'est encore d'une affection grave de la peau que nous entretient M. le Dr Blaise, Prof^r à l'école d'Alger, dans un mémoire consacré à l'histoire générale et en particulier à la bactériologie de l'ulcère phagédénique des pays chauds. Son observation comprend 1.300 cas de cette maladie qui fut rapportée de Madagascar en Algérie par des convoyeurs.

Le détail de la description de ces faits et les expériences auxquelles ils l'ont conduit, ont été d'ailleurs publiés par l'auteur tout récemment dans la gazette hebdomadaire,

25 — 26. — L'hygiène aujourd'hui mieux comprise que jadis, nous conduit à reconnaître, dans certaines épidémies, des causes d'intoxication, qui autrefois, eussent facilement échappé à l'observation.

Le saturnisme, par exemple, est noté par M. le Dr Balestre comme ayant occasionné à la Bollène (Alpes-Maritimes) une sorte d'épidémie dont la cause est restée mystérieuse. A Brest, le

Dr Cerfmayor en signale une autre due au plomb (le même agent) et dans laquelle on peut incriminer un vinaigre qui avait séjourné dans des récipients dont l'étamage était par trop plombique.

A Lannion (Côtes-du-Nord) le Dr Bastion signale sans grands commentaires, l'empoisonnement par les huîtres, empoisonnement que l'on observe encore trop souvent partout où l'on consomme ce précieux coquillage.

Enfin, M. le Dr Bertin, de Nantes, signale les cas de charbon qu'il a observés chez des ouvriers en laines et crins, et à propos desquels il indique les mesures de prophylaxie et les questions de responsabilité que peuvent justifier de tels accidents.

Ces faits intéressants sont à rapprocher de ceux dont M. le Dr Leroy-Desbarres apportait ici-même la récente communication, basée sur l'observation de six cas de charbon industriel contractés dans les mêmes conditions.

Notons encore parmi les intoxications professionnelles et nouvellement signalées, l'intoxication arsenicale chez les ouvriers travaillant les peaux conservées à l'aide de l'acide arsénieux. Il résulte d'un rapport fait au conseil de salubrité des Bouches-du-Rhône, par M. le Dr Roux, de Brignoles, que cette intoxication plus rare à Marseille que dans beaucoup d'autres ports, n'y a jamais provoqué d'accidents sérieux, sauf, très exceptionnellement, un peu de dérangement intestinal.

A beaucoup d'égards, l'alcoolisme mérite bien d'être rapproché des autres intoxications. Je ne redirai pas encore une fois et ses tristes progrès, et ses désastreux effets, et les dangers de toute sorte dont il nous menace. Les médecins se lassent peut-être de répéter ce *delenda Carthago* ; le fait est que, sauf quelques réflexions incidentes, il en est peu question dans la plupart des rapports. Je relèverai seulement celui du Dr Loir, de Tunis, dans lequel on voit la tache de l'alcoolisme s'étendre sur l'Algérie et atteindre ses victimes, non pas seulement avec l'alcool, mais avec le vin de palmier, avec le kif et la chira, aux essences plus dangereuses encore, vous dira mon ami et collègue le Dr Laborde.

27. — La rage humaine est heureusement rare aujourd'hui. Ce n'est pas que le nombre des gens mordus par des chiens enragés ait réellement diminué; mais les bienfaits de l'inoculation continuent à se faire sentir; le directeur de l'Institut Pasteur de Tunis, M. le Dr Loir, en apporte une nouvelle preuve, puisqu'il constate que sur 288, cas il ne compte pas un insuccès.

Je trouve aussi dans la Seine-Inférieure 46 personnes mordues (Dr Lecoq) dans l'arrondissement d'Yvetot : pas d'insuccès signalés.

Par contre, à Lannion (Côtes-du-Nord) le Dr Bastion rapporte le cas d'une femme qui, mordue par un chien suspect, fut inoculée à l'Institut et mourut de la rage et, semble-t-il, des suites de l'inoculation, puisque le chien qui l'avait mordue fut reconnu plus tard n'être pas enragé.

28. — M. le Dr Dupuy de Saint-Denis (Seine) a adressé à l'Académie une relation de deux cas de psittacose ou maladie des perruches fort bien observés par lui et suivis de guérison, ce qui est un cas exceptionnellement heureux. A cette occasion, l'auteur fait un relevé de tous les cas observés de cette singulière maladie : 70 cas, ayant occasionné 24 décès, soit 34 p. 100.

Les expériences que M. Nocard renouvela à cette occasion, ne laissent aucun doute sur le caractère de la maladie, bien que l'état typhoïde des malades et la récution agglutinative aient pu faire naître quelques doutes relativement au diagnostic. Aussi M. le Dr Dupuy a-t-il proposé à la commission d'hygiène de Saint-Denis de classer l'industrie de la vente des perruches, ce qui a été approuvé par le dit conseil.

Les difficultés du diagnostic commandent encore quelques réserves, comme je viens de le dire. On en sera plus convaincu encore si l'on se reporte aux faits observés par M. le Dr Blanquinque et communiqués à l'Académie en janvier dernier. Il s'agit d'une petite épidémie observée à Vorges, dans l'Aisne, et que le Dr Blanquinque note de nouveau dans son rapport, comme n'étant qu'une pseudo-psittacose.

29. — J'ai relevé au chapitre de la fièvre typhoïde, le pseudo-typhus que le Dr Fabre a observé dans la Haute-Garonne et auquel il attribua une origine vermineuse. C'est le seul cas d'épidémie que je trouve attribué à des helminthes, dans nos rapports.

Par contre le parasitisme externe est signalé par plusieurs rapporteurs. La gale a été constatée notamment à Montbrison, dans la Loire (Dr Dulac) et aussi dans le Puy-de-Dôme.

La teigne est signalée à Quimper par M. le Dr Gaumé. Les écoles ont été le foyer de ces épidémies, dont l'hygiène et la médecine ont su facilement sinon rapidement triompher.

30. — Quelques-uns de nos rapporteurs ont jugé avec raison qu'il y avait un réel intérêt à rapporcher des maladies épidémiques les épizooties observées en même temps qu'elles et pouvant se rattacher à elles. J'en ai déjà dit un mot à propos de la diphtérie et des sources épizootiques auxquelles on a cru pouvoir la rattacher quelquefois. Dans le rapport du département de Meurthe-et-Moselle, M. Tisserand, vétérinaire, a relevé les diverses épizooties de l'année et dans la Seine-Inférieure, il en a été fait de même. Bien que je n'aie pas trouvé de conclusions à tirer de ces rapprochements, ils ne laissent pas que d'avoir un réel intérêt, et nul doute que si ces rapports étaient plus nombreux, on ne puisse y trouver matière à d'utiles applications.

31 et 32. — En dehors des faits relatifs à telle ou telle épidémie, plusieurs rapporteurs se sont appliqués à établir l'état sanitaire de la région soumise à leur inspection. Beaucoup de rapports débutent par une appréciation d'ensemble relative à la santé générale de la circonscription qu'ils embrassent ; et je suis heureux d'ajouter que cette appréciation est généralement favorable, pour l'année qui vient de s'écouler. Qu'on l'attribue à la douceur de la température pendant ces derniers hivers, ou bien au progrès des mesures que dicte une hygiène de mieux en mieux fondée, le fait est que la mortalité a diminué, et que, d'une façon générale, la morbidité est moindre aussi ; en un mot, l'état sanitaire est relativement et généralement satisfaisant.

Les mémoires de M. le Dr Loir et de M. le D Passerat en font foi, pour ce qui est de la Tunisie et de la Bresse. M. le Dr Renard le constate pour le département du Nord et n'hésite pas à en rapporter la cause aux mesures de salubrité que les villages de cette contrée finissent par adopter. Mêmes observations sont faites à Marseille et dans nombre de départements. Dans la Seine-Inférieure M. le Dr Deshayes note avec une légitime complaisance les heureux résultats, en ce sens, qu'il croit devoir rapporter à l'œuvre dite de « La goutte de lait » fondée par M. le Dr Dufour, laquelle assure aux jeunes enfants une alimentation des plus favorables. Enfin, M. le Dr Raynaud signale de même les mesures salutaires qui ont été prises en Algérie, notamment au lazaret de Matifou, au moyen des quarantaines, pour mettre les populations à l'abri des dangers que leur font courir chaque année les pélerinages musulmans. Le lazaret de Pauillac, au rapport du Dr Vergely, a arrêté la fièvre jaune et le choléra.

Par contre, le Dr Dulac note dans la Loire la fréquence croissante du cancer, et dans l'Oise, le Dr Pauthier relève le nombre de plus en plus élevé des débilités congénitales: deux symptômes qui ne sont certes pas spéciaux à ces deux départements et qui semblent exister dans beaucoup d'autres, bien qu'ils n'y soient pas explicitement mentionnés.

Des données encore plus positives peuvent être déduites des statistiques fournies par le Dr Domergue sur la mortalité à Marseille, et dans les villes où est institué et fonctionne un bureau d'hygiène, au Havre par exemple, sous la direction dévouée de M. le Dr Gibert, à Saint-Étienne sous la direction de M. le Dr Fleury.

Le même travail a été fait pour la ville d'Amiens par M. le Dr Fournié, lequel signale dans la morbidité de sa contrée, la diminution des faits de transmission des maladies, et attribue cette morbidité à l'augmentation de l'aptitude des sujets à la réceptivité pathologique. Ce qui conduirait à restaurer l'idée ancienne des constitutions médicales sur la base des prédispositions individuelles généralisées, plutôt que sur la multiplication des germes morbides.

S'appuyant également sur les données statistiques, M. le Dr Cuisinier relève ce fait consolant d'un excédent marqué des naissances à

Calais, excédent qui se retrouverait de même ailleurs encore, si l'on s'attachait à le rechercher ; et le Dr Aufrun (Charente-Inférieure), la fréquence des morts subites.

Nombre de tableaux statistiques intéressant la démographie sont aussi joints par quelques médecins inspecteurs à leurs rapports.

CHAPITRE II

1. — Pour répondre aux doléances présentées par le plus grand nombre des médecins des épidémies, votre rapporteur a cru opportun de les résumer d'abord et puis de vous proposer quelques mesures que votre commission a jugé susceptibles d'améliorer notablement le fonctionnement de ce service, afin de lui assurer la fécondité dont il est susceptible.

Peut-être perce-t-il au milieu de ces doléances un peu trop de défaillance ; car, telle qu'elle est. l'œuvre pourtant fonctionne ; son organisation, au moins sur le papier, représente toute une belle hiérarchie ; et le découragement vient parfois trop à point, pour excuser certaines inerties ou hésitations, qui dépassent quelque peu la mesure.

Il est néanmoins d'une réelle opportunité de faire un *cahier* de ces doléances au moment où le Parlement se propose de codifier les lois et règlements relatifs à la santé publique. En conséquence il nous a paru bon de vous proposer un résumé de ces desiderata et des mesures à prendre pour remédier aux défectuosités et pour combler les lacunes dont souffre l'état actuel.

Beaucoup de nos rapporteurs se plaignent de n'être pas consultés en temps opportun dès le début de l'épidémie qu'ils sont chargés d'inspecter et d'être encore moins renseignés sur les résultats de l'épidémie terminée. Ils se plaignent encore beaucoup de ce que les mesures d'hygiène qu'ils réclament ne sont que difficilement, tardivement ou mal exécutées. Enfin, la plupart des rapports signalent l'insuffisance des documents qui parviennent aux médecins chargés de les rédiger.

Un premier point à établir, c'est que la loi de 1892 sur la déclaration des maladies contagieuses ou épidémiques devrait suffire à assurer la notification de ces maladies, dès leur apparition, à l'administration, laquelle, ainsi prévenue, mettrait aussitôt le médecin des épidémies en demeure de s'en occuper. Le malheur est que cette loi n'est *pas exécutée* et cela parce qu'elle est *inexécutable*, à notre avis et de l'avis d'un grand nombre de nos rapporteurs.

Telle qu'elle est conçue, la loi fait porter l'obligation de la déclaration sur le médecin; et par là, lui crée, dans l'exercice normal de sa profession, une série de difficultés auxquelles il n'hésite pas à se soustraire en éludant cette obligation. Je n'entends pas parler ici du secret professionnel dont l'obligation peut céder devant un intérêt général aussi important et aussi direct que celui de la prophylaxie d'une épidémie; je fais allusion surtout à la situation que fait au médecin une clientèle dont l'éducation, sur ce chapitre, est à faire, et qui considère le plus souvent cette déclaration comme une délation et comme une trahison de la confiance qu'elle a mise en lui. Je n'hésite pas à taxer de fâcheuse, une loi qui, tous les jours, met le médecin dans la dure alternative, ou de se soustraire aux devoirs qu'elle lui impose, ou de trahir, avec ses propres intérêts les plus légitimes, la confiance de ses clients.

Aussi, qu'arrive-t-il ? — Il arrive que la déclaration n'est pas faite; la loi est inefficace et les épidémies vont leur train. Partout, le chiffre des déclarations est minime, je dirais presque insignifiant, en proportion du nombre réel des malades. Dans tel département, sur 25 médecins, 6 seulement ont fait des déclarations. Dans tel autre, 2 seulement sur 13 ont essayé de satisfaire à la loi: et il est permis de penser que l'abstention, déjà si largement pratiquée, ne fera que s'étendre encore davantage.

Et cependant cette loi a son utilité, et le but qu'elle vise est louable, si le moyen qu'elle emploie pour l'atteindre est défectueux. Un exemple entre autres semble le justifier. Je l'emprunte au rapport du Dr Bauzon de Chalon-sur-Saône : un varioleux passe dans cette ville; il y contagionne 20 personnes et 3 meurent de cette épidémie.

La déclaration a donc une utilité réelle, directe, et qui peut être efficace; mais, comme le dit fort justement le médecin de l'hôpital de Chalon, ce n'est pas au médecin qu'il en faut imposer l'obligation, mais à ceux qui entourent le malade, le logent, le nourrissent. C'est la famille ou ses représentants qui ont la responsabilité de la situation, c'est à eux qu'il incombe de s'acquitter de l'obligation qu'elle entraîne.

Bien souvent, les épidémies au village, naissent et se propagent dans l'école, et à la ville, dans les pensionnats. Que l'on réclame de l'instituteur ou des chefs d'institution la déclaration d'un danger dont ils sont appelés les premiers à connaître et à pâtir, c'est ce que propose justement M. le Dr Chabenat, déjà bien des fois couronné par l'Académie, pour ses rapports sur les épidémies du département de l'Indre. L'instituteur ou le chef d'institution remplacent la famille près de l'enfant, s'ils ne le renvoient pas dans son sein: c'est donc à eux, dans ce cas, qu'il appartient d'agir.

L'administration qui demande tant de choses à la profession médicale, dans l'organisation et la défense de la santé publique, sur ce chapitre même des épidémies, ne saurait équitablement lui faire supporter encore les exigences de la déclaration; et, quel que soit d'ailleurs le sentiment qui l'inspire dans la circonstance, elle semble avoir presque renoncé à exiger des médecins ce nouvel office.

Le principe de la déclaration une fois admis, rien de plus naturel que de l'assimiler à la déclaration des naissances et des décès, d'en faire supporter l'obligation à ceux auxquels incombe cette dernière, et de n'en rendre le médecin responsable que dans la mesure où il l'est déjà, pour la déclaration de naissance par exemple.

L'un d'entre nous observe avec raison que, dans la pratique de l'art vétérinaire, c'est au propriétaire de l'animal atteint d'épizootie qu'incombe l'obligation de la déclaration, et que, pratiquée d'abord par les vétérinaires, la déclaration leur créait de telles difficultés et de tels préjudices, que la plupart en sont arrivés aussi à pratiquer l'abstention en cette matière.

L'administration, dès maintenant, est quelque peu éclairée sur les résultats des épidémies par les bulletins de décès, lesquels lui servent à établir l'acte civil qui les enregistre. Sur ce point encore, il y aurait peut-être quelque chose à faire, et le concours des médecins à réclamer d'une façon plus effective qu'on ne le fait aujourd'hui. Mais je ne doute pas que la loi en préparation sur l'organisation de la santé publique, n'établisse le service de la constatation des décès, sur des bases qui permettent à l'administration une précision déjà facilement obtenue dans toutes les villes et qu'il resterait seulement à généraliser.

Les sources d'information que possèdent aujourd'hui les médecins des épidémies, nous dit dans son rapport M. le Dr Lesguillon de Châtellerault, sont la déclaration des maladies contagieuses et les bulletins de décès; il faut y ajouter, dit-il encore, les renseignements personnels, qu'ils peuvent recueillir par leurs relations, ou devoir à l'obligeance de leurs confrères. Que la déclaration soit sérieusement pratiquée, que les bulletins de décès soient soigneusement recueillis, et, munis de ces deux moyens de contrôle, les médecins-inspecteurs, par leur zèle et leur dévouement, compléteront la besogne. Et, il en résultera une somme de documents complets et solides, et non plus un assemblage quelque peu hétérogène, de renseignements pris au hasard dans la masse des faits épidémiologiques.

Faut-il, avec quelques rapporteurs, demander à l'Académie d'allonger la liste des maladies sujettes à la déclaration et y faire entrer, comme quelques-uns le proposent, la rougeole et la coqueluche? — Je ne le pense pas et votre commission ne l'a pas pensé non plus; parce que la déclaration aura d'autant plus de chance d'être admise et pratiquée qu'on en étendra moins l'application, au moins pour le moment actuel; et puis, pour la rougeole, comme pour la coqueluche, la contagion s'effectuant dès avant qu'elles se soient nettement manifestées, la déclaration vis-à-vis d'elles, risquerait d'arriver toujours trop tard pour en prévenir la propagation.

Telles sont les considérations qui, déjà, ont déterminé l'opinion de l'Académie, lorsqu'elle a eu à se prononcer sur ce sujet.

Ne serait-il pas à souhaiter encore que l'administration veuille bien faciliter au médecin sa tâche sociale, en lui expédiant des feuilles imprimées (par exemple dans le genre de celles que leur distribue le département de l'Eure) et où les différents chefs de renseignements et de constatations inscrits d'avance sur ces feuilles, leur indiquent le sens dans lequel doit être poursuivie leur enquête, pour qu'elle devienne un document comparable à tous ceux auxquels elle doit être réunie afin d'être utilisée. Le cadre ainsi proposé, sans enchaîner la spontanéité des rapporteurs, leur indiquerait seulement les points sur lesquels il importe de provoquer leur réponse.

2. — Les médecins des épidémies, pour les combattre, s'efforcent avec non moins de raison que de zèle, de provoquer les deux mesures essentielles en pareil cas ; l'isolement des malades et la désinfection.

La première de ces mesures est rarement réalisable, au moins dans sa perfection totale ; mais elle doit toujours être proposée et tentée, dans la mesure du possible : l'isolement parfait étant un idéal qu'il faut souvent renoncer à atteindre, mais dont on gagne toujours à se rapprocher. Et cela d'autant plus, que pour un certain nombre de maladies, pourtant bien contagieuses, comme la scarlatine par exemple, un isolement, même imparfait, peut très bien suffire à éviter la transmission.

Pour ce qui est de la désinfection, nous rappellerons qu'elle doit porter sur le malade, sur les linges et sur la literie, sur les produits d'excrétion et sur la chambre qu'il occupe. Le Dr Vallin, dans son rapport au conseil d'hygiène de la Seine, en étudie l'application préventive, à l'opération du cardage des matelas, aux livres des bibliothèques populaires, aux ustensiles des coiffeurs, etc... et le Dr Cassedebat conseille avec raison de désinfecter préventivement, et une ou deux fois l'an, les locaux occupés par des agglomérations, lesécoles surtout et les casernes. La désinfection des locaux après maladie, est de toute nécessité ; elle suffirait à elle seule, ajoute-t-il, à expliquer et à justifier la déclaration.

Pour les mêmes raisons, le conseil d'hygiène de la Seine, avec raison, formule le vœu d'éviter de consacrer les écoles, hors le temps des classes, à des réunions publiques, quelles qu'elles soient, Il conseille aussi justement la surveillance hygiénique des baraques des fêtes foraines, et enfin, des mesures spéciales à prendre, pour le transport des gadoues dont j'ai déjà parlé.

Il va sans dire que des mesures s'imposent, encore plus impérieuses, dans les pays où le tout à la rue (Dr Bassères) est encore en usage.

Tout cela constitue, sans doute, une organisation délicate et un ensemble de mesures difficiles à réaliser ; mais n'est-ce pas le cas de répéter avec le Dr Geghre cette maxime empruntée au grand sens de Montaigne :

Toute voye qui mène à la santé ne se peut dire ni aspre ni chère.

CHAPITRE III

PROPOSITIONS DE RÉCOMPENSES

Rappels de médailles d'or.

M. le Dr Blanquinque, à Laon : *Rapport sur les épidémies du département de l'Aisne en 1896.*

M. le Dr Lallemant, à Dieppe : *Rapport sur les épidémies de l'arrondissement en 1896.*

M. le Dr Le Roy des Barres, à Saint-Denis : *Étude sur la pustule maligne.*

M. le Dr Pennetier (Georges), à Rouen : *Rapport sur les épidémies de l'arrondissement en 1896.*

Médailles de vermeil.

M. le Dr Balestre, à Nice : *Rapport sur les épidémies du département des Alpes-Maritimes en 1895 et 1896.*

M. le Dr Bard (L.), à Lyon : *Rapport sur les épidémies du département du Rhône en 1896.*

M. le Dr Vergely, à Bordeaux : *Rapport sur les épidémies du département de la Gironde en 1896.*

Médailles d'argent.

M. le Dr Bauzon (Jules), à Chalon-sur-Saône : *Rapport sur une épidémie de variole, dont le centre et le foyer principal fut l'Hôtel-Dieu de Chalon-sur-Saône en 1896.*

M. le Dr Domergue (Albert), professeur à l'École de médecine et de pharmacie de Marseille : *Étude statistique sur la mortalité à Marseille, de 1883 à 1894.*

M. le Dr Faidherbe (Alexandre), à Roubaix : *La fièvre ganglionnaire est-elle une entité morbide ?*

M. le Dr Heydenreich, doyen de la Faculté de médecine de Nancy : *Divers rapports au conseil central d'hygiène publique et de salubrité du département de Meurthe-et-Moselle.*

M. le Dr Hublé (Martial), médecin-major de 2{e} classe à la Direction du service de santé à Nantes : *La fièvre typhoïde dans le 11{e} corps d'armée de 1875 à 1896.*

Rappels de médailles d'argent.

M. le Dᵣ André, professeur à la Faculté de médecine de Toulouse : *Rapport sur les épidémies de cet arrondissement en 1896.*

M. le Dᵣ André (E.-L.), médecin-major de 1ʳᵉ classe à Angers : *Des angines blanches, et en particulier de l'angine diphtéritique.*

M. le Dᵣ Anfrun, à Saint-Pierre d'Oléron : *Rapport sur les épidémies de ce canton en 1896.*

M. le Dᵣ Bardy, à Belfort : *Rapport des épidémies constatées dans le territoire de Belfort en 1896.*

M. le Dᵣ Bassères (François), médecin-major de 2ᵉ classe, attaché à la Direction du service de santé de la division d'Alger : *Les maladies dominantes dans la division d'Alger. — Fièvre typhoïde et paludisme, statistique, causes, prophylaxie.*

M. le Dᵣ Bastiou, à Lannion : *Rapport sur les épidémies de l'arrondissement en 1896.*

M. le Dᵣ Cavaillon, à Carpentras : *Rapport sur les épidémies de l'arrondissement en 1896.*

M. le Dᵣ Favier (Henri), médecin-major de 1ʳᵉ classe au 145ᵉ régiment d'infanterie à Maubeuge : *Étude sur la diphtérie dans l'armée française.*

M. le Dᵣ Geschwind, médecin principal de 1ʳᵉ classe à Bayonne : *Recherches épidémiologiques sur la méningite cérébro-spinale à l'occasion d'une petite épidémie de cette maladie observée dans la garnison de Bayonne en février 1897. — Observation de cinq cas de fièvre typhoïde attribués à l'épandage direct des matières fécales sur les légumes.*

M. le Dᵣ Gorez, à Lille : *Rapport général sur les épidémies du département du Nord en 1896.*

M. le Dᵣ Lenoël (J.), à Amiens : *Rapport sur les épidémies de l'arrondissement en 1896.*

M. le Dᵣ Lesueur, à Bernay : *Rapport sur les épidémies de l'arrondissement en 1896.*

M. le Dᵣ Mantel (Paul), à Saint-Omer : *Rapport et tableau des épidémies de l'arrondissement en 1896.*

M. le Dᵣ Mathieu, à Wassy : *Rapport sur les épidémies de l'arrondissement en 1896.*

M. le Dᵣ Pauthier (H.), à Senlis : *Épidémiologie et statistique des décès de l'arrondissement de Senlis en 1896.*

M. le Dᵣ Pujos, à Auch : *Maladies épidémiques observées dans le département du Gers en 1896.*

M. le Dᵣ Raynaud (L.), à Alger : *Divers travaux d'hygiène et d'épidémiologie algérienne.*

M. le Dᵣ Rousseaux, à Vouziers : *Rapport sur les épidémies de l'arrondissement en 1896. — Prophylaxie des maladies épidémiques dans cet arrondissement.*

Médailles de bronze.

M. le Dr BLAISE (H.), professeur à l'École de Médecine d'Alger : *L'ulcère phagédénique des pays chauds en Algérie. — Aperçu historique. Étude bactériologique.*

M. le Dr DUCHENNE (Henry), à Sainte-Anne-d'Auray : *Note sur une épidémie de fièvre typhoïde dans la circonscription médicale de Sainte-Anne-d'Auray (Morbihan).*

M. le Dr GÈGURE, à Mascara : *La variole en 1896 en Algérie, avec documents, graphiques et cartes de l'épidémie.*

M. le Dr GOUMY (A.), médecin-major au 9e régiment de cuirassiers et COZETTE, vétérinaire, à Noyon (Oise) : *Relation d'une petite épidémie de diphtérie. — Contribution à l'étude de la sérothérapie chez l'adulte.*

M. le Dr LOIR (Adrien), directeur de l'Institut Pasteur, à Tunis : *Les conditions sanitaires et l'hygiène en Tunisie.*

M. le Dr MARTIN (Louis), à Privas : *Une épidémie de diphtérie à Privas.*

M. le Dr MARTY, médecin-major de 1re classe, à l'hôpital militaire de Belfort : *Notes sur trois épidémies de grippe observées dans la garnison de Cholet.*

M. le Dr MILLET (L. J.), médecin principal de 2e classe, à Reims : *Épidémie de fièvre typhoïde d'origine fécale.*

M. le Dr POUJOL (J.), médecin-major de 2e classe, à El-Goléa : *Contribution à l'étude de la pathologie saharienne. — Essai sur quelques maladies endémo-épidémiques observées dans l'extrême Sud-Algérien, El-Goléa et Fort-Mahon.*

M. le Dr REGIMBART, à Évreux : *Rapport sur les épidémies de l'arrondissement en 1896.*

M. le Dr TARRIEUX, médecin-major de 1re classe, au 17e régiment d'infanterie, à Rodez : *Relation d'une épidémie de fièvre typhoïde observée au 20e régiment d'infanterie à Marmande, en 1895.*

Rappels de médailles de bronze.

M. le Dr BARATIER (A.), à Jeugny (Aube) : *Les épidémies au village.*

M. le Dr BOQUIN, à Autun : *Rapport sur les épidémies de l'arrondissement en 1895.*

M. le Dr BOYER (Albert), à Commercy : *Rapport sur les épidémies de l'arrondissement en 1896.*

M. le Dr CASSEDEBAT (A.), médecin-major de 1re classe au 2e régiment de zouaves, à Oran : *Rapport sur les épidémies observées à ce régiment en 1896.*

M. le Dr CERF-MAYER, à Brest : *Compte rendu des maladies épidémiques de l'arrondissement en 1896.*

M. le Dr COMTE (Henri), médecin-major de 1re classe au 28e régiment d'infanterie à Paris : *Rapport sur une épidémie de rubéole, et sur une épidémie d'oreillons observées simultanément à ce régiment.*

M. le Dr CORDILLOT (Ernest-Jean), médecin aide-major de 1re classe au 5e régiment de chasseurs d'Afrique, à Orléansville : *Relation d'une épidémie de diphtérie observée à ce régiment.*

M. le D^r DE LA CROIX, à Lisieux : *Rapport sur les épidémies de l'arrondissement en 1896.*

M. le Dr DUPUY (L.-E.), médecin de l'hôpital de Saint-Denis : *De la psittacose étudiée au point de vue épidémiologique. — Relation de deux nouveaux cas observés à Saint-Denis.*

M. le Dr de FONT-RÉAULX, à Saint-Junien : *Résumé par commune, des maladies épidémiques observées dans l'arrondissement de Rochechouart en 1896.*

M. le Dr FOUCAULT, à Fontainebleau : *Rapport sur les épidémies de l'arrondissement en 1896.*

M. le Dr GRIZOU, à Châlons-sur-Marne : *Rapport sur les épidémies de l'arrondissement en 1896.*

M. le Dr GUIOL, médecin en chef des hospices de Toulon : *Rapport sur les épidémies de l'arrondissement en 1896.*

M. le Dr HOËL, à Reims : *Rapport sur les épidémies de l'arrondissement en 1896.*

M. le Dr LEGROS, à Rochefort : *Rapport sur les épidémies de l'arrondissement en 1896.*

M. le Dr LÉVÊQUE, à Montdidier : *Rapport sur les épidémies de l'arrondissement en 1896.*

M. le Dr MERZ (Georges-Hermann), médecin-major de 1re classe au 96e régiment d'infanterie, à Gap : *Relation d'une épidémie de fièvre typhoïde. — Notes sur une série de cas d'érysipèle.*

M. le Dr RENARD, directeur du service de santé du 1er corps d'armée, à Lille : *Résultats obtenus dans le traitement de la diphtérie par le sérum de l'Institut Pasteur à Lille. — Fièvre typhoïde ; moyens à employer pour assurer la salubrité des villages.*

M. le Dr TOUSSAINT (Henri), médecin-major de 1re classe au 26e régiment d'infanterie, à Nancy : *Contribution à l'étude du choléra sporadique.*